GONGCHENG GUANLI SHIYU XIA

TUJIAN LEI FEI JISHU NENGLI ZHISHI TIXIHUA JIAOXUE ZHINAN

工程管理视域下
土建类非技术能力知识体系化教学指南

重庆大学非技术能力课研组　著

重庆大学出版社

图书在版编目（CIP）数据

工程管理视域下土建类非技术能力知识体系化教学指南 / 重庆大学非技术能力课研组著. --重庆：重庆大学出版社，2022.10

ISBN 978-7-5689-3558-6

Ⅰ.①工… Ⅱ.①重… Ⅲ.①土木工程—教学研究—高等学校 Ⅳ.①TU-42

中国版本图书馆CIP数据核字（2022）第177295号

工程管理视域下土建类非技术能力知识体系化教学指南

GONGCHENG GUANLI SHIYU XIA TUJIAN LEI FEI JISHU NENGLI ZHISHI

TIXIHUA JIAOXUE ZHINAN

重庆大学非技术能力课研组　著

策划编辑：陈　力　林青山

责任编辑：陈　力　　版式设计：林青山

责任校对：关德强　　责任印制：赵　晟

*

重庆大学出版社出版发行

出版人：饶帮华

社址：重庆市沙坪坝区大学城西路21号

邮编：401331

电话：（023）88617190　88617185（中小学）

传真：（023）88617186　88617166

网址：http://www.cqup.com.cn

邮箱：fxk@cqup.com.cn（营销中心）

全国新华书店经销

重庆升光电力印务有限公司印刷

*

开本：787mm×1092mm　1/16　印张：3　字数：69千

2022年10月第1版　2022年10月第1次印刷

ISBN 978-7-5689-3558-6　定价：19.80元

本书如有印刷、装订等质量问题，本社负责调换

前　言

为主动应对新一轮科技革命和产业变革挑战，响应服务制造强国等国家战略，加快培养适应和引领新一轮科技革命和产业变革的卓越工程科技人才，打造世界工程创新中心和人才高地，自"十二五"以来，我国高等工程人才教育的发展进入前所未有的新阶段。2010年，"卓越工程师教育培养计划"启动，提出工程教育改革发展的战略重点是"四个更加"，更加重视工程教育服务国家发展战略、更加重视与工业界的密切合作、更加重视学生综合素质和社会责任感的培养、更加重视工程人才培养国际化。2016年，我国正式加入《华盛顿协议》，标志着我国工程教育质量标准实现了国际实质等效。2017年工程教育专业认证标准修订，提出工程人才培养目标必须明确所需掌握的技能、知识和能力（技术和非技术能力）。2018年全国教育大会明确了中国高等教育的目标是"培养德智体美劳全面发展的社会主义建设者和接班人"。同年，以新工科建设为抓手的"卓越工程师教育培养计划2.0"升级。

我国作为全球土木工程规模最大的国家，中国土木工程师们正肩负着推动中国从"工程大国"迈向"工程强国"，实现创新驱动发展的伟大使命。截至2020年底，全国开设土木类专业高等院校超过600所，本科在校学生超过20万人。面对新的形势，土木类专业教育需要为"工程强国"培养高质量的后备人才，用全球视野与家国情怀引领并带动中国建造业在全球竞争中脱颖而出，承担造福人类、创造未来的重任。培养技术与非技术能力兼备人才是中国土木工程教育不可回避的时代命题。

土建类人才非技术能力培养的学科基础、行业属性等特征明显，对非技术能力内涵的界定、非技术能力的知识体系、培养方式尚未形成统一教学标准和知识模块。为了指导土建类专业人才非技术能力的培养和持续建设，规范教学标准，提升非技术能力的达成质量，重庆大学工程管理教学团队历经多年的教学探索和实践，凝练出了一套成熟的非技术能力课程体系，并编写了《工程管理视域下土建类非技术能力知识体系化教学指南》（以下简称《教学指南》）。

《教学指南》的编写原则：明确技术能力和非技术能力边界；通用性与特色性相协调；课程体系的标准化与多样化相统一；跨学科多专业的交叉性相融合；知识模块向多课程嵌入的灵活性。《教学指南》提出了适宜于土建类人才的非技术能力体系和表征指标；从工程管理视角凝练了非技术能力的知识构架、课程体系。同时，《教学指南》强调了土建类多专业（例如土木工程、建筑设计、工程管理等）非技术能力的协同培养，创新提出了非技术能力课程群中知识点和知识单元与多专业课程融合的方法论和教学思路。《教学指南》为土建类本科专业的非技术能力培养提供了指引和参考。

《教学指南》的主要内容包括八个核心部分和两个附件。其中，六个核心部分包括土建类的非技术能力培养的教育背景、非技术能力的内涵解析、非技术能力的能力要求和定义、工程管理视域下土建类非技术能力知识体系化的构架、非技术能力培养的知识点和知识单元、非技术能力课程群及组合映射关系；两个附件分别是教学案例库和数据库清单、推荐教材清单。

参加编写《教学指南》的主要人员为重庆大学刘贵文、严薇、毛超、向鹏成、曾德珩、徐鹏鹏等。

在《教学指南》编写过程中，得到了重庆大学建筑学部、本科生院、管理科学与房地产学院、土木工程学院、建筑城规学院、环境与生态学院等单位的指导、支持和帮助，在此表示衷心感谢！

限于编写团队水平有限，不足之处在所难免，敬请读者在使用过程中提出改进建议！编写团队将不胜感激。

重庆大学非技术能力课研组

2022 年 3 月 1 日

目　录

第一章　土建类非技术能力培养的背景

在我国从"工程大国"迈向"工程强国"的重要时期，作为全球土木工程规模最大的国家，实现土木工程专业的高质量发展至关重要。长期以来，技术能力一直是土建类人才培养的核心和关键，为我国产业规模的扩大和建造能力的提升提供了支撑和动力。随着复杂性和不确定性的日益增加，工程活动需要技术要素和非技术要素的深度融合，工程问题需要跨学科、跨领域、跨文化的解决方案，单纯的技术能力已无法满足现代工程的实际需要。培育技术能力与非技术能力协同发展的工程师成为我国工程教育专业认证和《华盛顿协议》（Washington Accord）的共识。然而，目前土建类专业培养体系重视的是技术能力的培养，弱化了价值理性、人文精神等非技术能力的塑造，导致所培养的工程师关注效率手段优于终极价值、注重工程繁荣优于人类需求，系统性和创新性思维不足，可持续发展能力欠缺。我国作为全球土木工程规模最大的国家，需要培养大量德才兼备、技术能力与非技术能力兼备的现代工程师，才能解决日趋复杂的工程问题，真正"造福人类"。

工程教育是世界各国共同关注的重要领域，而工程教育在我国更是社会的一大基石，工科生数量全国占比最高，专业认证则是对我国工程教育成效的一大检验。国内工程教育专业认证探索始于1992年教育部委托当时的建设部主持开展建筑学等6个土建类专业的认证试点工作，开展较为顺利。截至1997年，共有18所院校的土木工程专业点通过了评估。2006—2007年，由教育部牵头，又对10余个工科专业进行了认证评估，试点由此扩大，专业也不仅限于建筑学。2015年成立了中国工程教育专业认证协会，该协会于2016年正式成为《华盛顿协议》的会员，标志着我国工程教育取得了实质性进展，获得了国际认可，中国的高等教育迈出了对外开放的一大步。

工程教育专业认证是国际通行的工程教育质量保障制度，是实现工程教育和工程师资格国际互认的重要基础，也是提高高校应用型人才培养质量的重要保障机制之一。工程教育专业认证为工科专业学生提出了涵盖技术和非技术能力的12条毕业要求，其中涉及非技术能力的多达八条。

《华盛顿协议》和工程教育专业认证对非技术能力的具体要求见表1.1、表1.2。

表 1.1 　《华盛顿协议》工程教育专业认证中的毕业生要求

毕业要求	含义及说明
1. 工程知识	能够将数学、自然科学、工程基础和专业知识用于解决复杂工程问题
2. 问题分析	能够应用数学、自然科学和工程科学的基本原理，识别、表达，并通过文献研究分析复杂工程问题，以获得有效结论
3. 设计 / 开发解决方案	能够设计针对复杂工程问题的解决方案，设计满足特定需求的系统、单元（部件）或工艺流程，并能够在设计环节中体现创新意识，考虑社会、健康、安全、法律、文化以及环境等因素
4. 研究	能够基于科学原理并采用科学方法对复杂工程问题进行研究，包括设计实验，分析与解释数据，并通过信息综合得到合理有效的结论
5. 使用现代工具	能够针对复杂工程问题，开发、选择与使用恰当的技术、资源、现代工程工具和信息技术工具，包括对复杂工程问题的预测与模拟，并能够理解其局限性
6. 工程与社会	能够基于工程相关背景知识进行合理分析，评价专业工程实践和复杂工程问题的解决方案对社会、健康、安全、法律以及文化的影响，并理解应承担的责任
7. 环境和可持续发展	能够理解和评价针对复杂工程问题的工程实践对环境、社会可持续发展的影响
8. 职业规范	具有人文社会科学素养、社会责任感，能够在工程实践中理解并遵守工程职业的道德和规范，履行责任
9. 个人和团队	能够在多学科背景下的团队中承担个体、团队成员以及负责人的角色
10. 沟通	能够就复杂工程问题与业界同行及社会公众进行有效沟通和交流，包括撰写报告和设计文稿、陈述发言、清晰表达或回应指令。具备一定的国际视野，能够在跨文化背景下进行沟通和交流
11. 项目管理	理解并掌握工程管理原理与经济决策方法，并能在多学科环境中运用
12. 终身学习	具有自主学习和终身学习的意识，有不断学习和适应发展的能力

　　工程教育专业认证在《工程教育认证通用标准解读及使用指南（2020 版）》对 12 条毕业要求的内涵进行了解读，其中涉及非技术能力的毕业要求包括了第 3 条、第 6 条至第 12 条。

表 1.2 　《工程教育认证通用标准解读及使用指南（2020 版）》中对非技术能力的要求

条目	毕业要求	具体内容	非技术能力特征
第 3 条	设计 / 开发解决方案	能够设计针对复杂工程问题的解决方案，设计满足特定需求的系统、单元（部件）或工艺流程，并能够在设计环节中体现创新意识，考虑社会、健康、安全、法律、文化以及环境等因素	集成技术与非技术能力
第 6 条	工程与社会	能够基于工程相关背景知识进行合理分析，评价专业工程实践和复杂工程问题解决方案对社会、健康、安全、法律以及文化的影响，并理解应承担的责任	集成技术与非技术能力

条目	毕业要求	具体内容	非技术能力特征
第 7 条	环境和可持续发展	能够理解和评价针对复杂工程问题的工程实践对环境、社会可持续发展的影响	集成技术与非技术能力
第 8 条	职业规范	具有人文社会科学素养、社会责任感，能够在工程实践中理解并遵守工程职业道德和规范，履行责任	纯非技术能力
第 9 条	个人和团队	能够在多学科背景下的团队中承担个体、团队成员以及负责人的角色	纯非技术能力
第 10 条	沟通	能够就复杂工程问题与业界同行及社会公众进行有效沟通和交流，包括撰写报告和设计文稿、陈述发言、清晰表达或回应指令，并具备一定的国际视野，能够在跨文化背景下进行沟通和交流	纯非技术能力
第 11 条	项目管理	理解并掌握工程管理原理与经济决策方法，并能在多学科环境中应用	集成技术与非技术能力
第 12 条	终身学习	具有自主学习和终身学习的意识，有不断学习和适应发展的能力	纯非技术能力

"非技术能力"不同于"素质能力""专业技术能力"。目前通识教育解决的是"素质能力"，专业教育解决的是"专业技术能力"，这些能力都可以通过显性知识体系进行教育和传播。但是从素质到专业技术能力的实现路径中，还存在一部分"非技术能力"。它不是技术且高于素质，但需要以专业知识为基础来解决技术、管理、沟通等方面问题的综合性、系统性能力。《工程管理视域下土建类非技术能力知识体系化教学指南》（以下简称《指南》）面向大工程观、从"隐性知识"显性化的理论视角，以工程管理教育实践经验为支撑，通过教育模式建构了工程技术能力和非技术能力高度融合的知识体系，主张非技术能力的"知识本位＋能力本位＋人格本位"的体系化育人，形成了一套土建类专业非技术能力培育的知识体系。

本《指南》构建的知识体系，主要解决的教学问题包括：

- 现阶段培养的工科本科生难以满足产业界实际需求的现象背后，隐藏的是当前工程教育对显性知识传授的过度重视和对隐性知识习得的漠视。
- 排满了的技术知识课程在主观上是想让学生为职业做好准备，而工程职业的实际需要却涉及社会多方面的知识，是隐性、显性知识的复杂综合。
- 现行的实践教育因作为课堂教学的延伸和补充，只发挥了促进学生理解和简单应用课堂所学的显性知识的功能，无法促进学生隐性知识的习得。
- 理论课程与实践课程之间的机械性搭接，难以将学生所学的知识进行内化的有效场景缺失。
- 教师工程经验和教学技能的不足使隐性知识转移和外化陷入困境。

第二章　工程管理视域下土建类非技术能力的内涵解析

美国著名心理学家麦克利兰的"冰山模型"将人的外在表现比喻为一座冰山，教育学上也多次引用此模型分析学生的知识、素质和能力结构。本《指南》借鉴"冰山模型"将土建类工程师的工程的技术能力和非技术能力重新赋予内涵（图 2.1）。

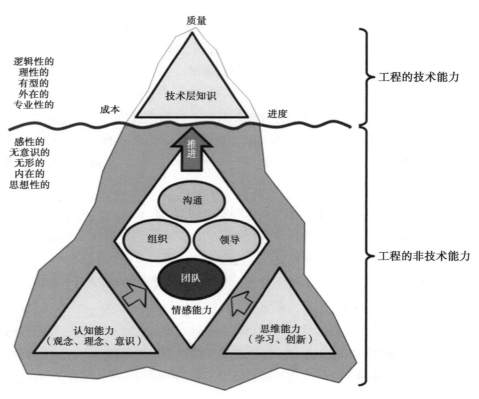

图 2.1　工程的技术能力和非技术能力冰山模型

（1）工程的技术能力

工程的技术能力是露出海面这部分，是指从事土木领域工程活动所需具备的基础专业知识和技能，包括土木工程、建筑设计、建筑设备、工程管理类等知识。这些知识目前主要通过体系化课程学习和实践获得。工程的技术能力具有专业性、逻辑性、理性等特点，属于典型的显性知识。

（2）工程的非技术能力

工程的非技术能力藏于海面之下，是指从事土木领域工程活动所需的、除去技术能力外，区别于个人素质，面向专业问题所需具备的专业敏锐力、洞察力、创新力、组织协调和沟通能力、综合解决问题的能力。其具有个人特质性、个人世界观、价值观、人生观等属性。工程的非技术能力具有感性、无意识、无形、内在等特点，依赖于个体认知、情感和思维几个方面的综合作用。非技术能力的培养目前主要通过专业知识学习过程中个体知识浸润和顿悟来实现，以润物细无声的方式获取，属于典型的隐性知识。

本《指南》将非技术能力所需的隐性知识进行体系化，旨在通过显性教育的方式强化其培育，为更多教师提供体系化的教学素材，也为课程思政提供新途径。

继《华盛顿协议》中提到的 12 种能力之后，2017 年 MIT 启动了新一轮的工程教育改革"新工程教育转型"（New Engineering Education Transformation，NEET）计划，在 NEET 中的创造性思维、系统性思维、批判与元认知能力、分析性思维、人本主义思维等，都是工程师所需具备的能力，现有的课程体系很难从"显性知识观"的视角看到课程内容和教学体系。

长期以来，本《指南》的编者们意识到这个问题的存在，并从"隐性知识观"显性化的视角提出了区别于"素质、知识"的非工程能力，它隐藏在当下"知识、能力、素质"培养目标之下，却是未来提升教学培养高质量发展的新高地。本成果在过去的 5 年中，通过课程、培养机制等手段，将这一能力培养内容和培养过程进行了体系化。

第三章 工程管理视域下土建类非技术能力的 8项能力要求和定义

（一）8项非技术能力体系

经过近10年的工程教学实践探索，围绕"大工程观"，解析目前工程建设特点和系统观念，结合人才培养中整全教育（holistic education）的基本思想，按照教育心理学中对人才成长中"非智力"影响机制，映射到工程非技术能力，我们构建了符合工程特征所需的岗位胜任力中非技术能力体系。其包含了哲学思维、价值判断、终身学习、系统思维、创新思维、国际视野、组织领导、沟通协作等8项能力。这8项能力覆盖了对工程的认知、解决问题的思维、管理方法，它们能够满足工程教育认证标准中涉及的非技术能力的毕业要求（图3.1）。

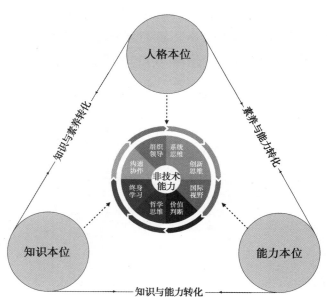

图 3.1 面向非技术能力的"三位一体"的共融机制

6

（二）8 项非技术能力要求的表征子项

本《指南》将哲学思维、价值判断、终身学习、系统思维、创新思维、国际视野、组织领导、沟通协作等 8 项非技术能力进行了细分和解读，提出了 29 个非技术能力表征子项。29 个能力表征子项将作为非技术能力知识点和知识单元体系化建构的参考依据。8 项非技术能力要求的表征子项及解释见表 3.1。

表 3.1　非技术能力要求的表征子项及解释

非技术能力	能力子项	解释
哲学思维（C1）	社会主义核心价值观（S1）	核心价值观在一定社会的文化中起着中轴作用，是决定文化性质和方向的最深层次要素，是一个国家的重要稳定器。作为国家后备人才，在核心价值观上需要与国家保持一致
	唯心主义和唯物主义（S2）	唯物主义：物质第一性，意识第二性；唯心主义：意识第一性，物质第二性。学生们需要了解并能各取其长，形成自我的意识和观点
价值判断（C2）	社会道德标准（S3）	社会道德标准集中反映了社会成员的文明程度，是人们在履行社会义务或涉及社会公众利益的活动中应当遵循的道德准则，是学生在社会中进行价值判断的基础
	工程职业标准（S4）	让学生理解诚实公正、诚信守则的工程职业道德和规范，能在工程实践中自觉遵守职业操守
	自然道德标准（S5）	主要是针对活动的生态环境影响设立的道德标准，使学生认识到自己对生态发展所负有的道德义务和责任
终身学习（C3）	主动学习意识（S6）	主动学习是指把学习当作一种发自内心的、反映个体需要的学习，主动学习意识本质上是视学习为自己的迫切需要和愿望，并坚持不懈地进行自主学习
	持续学习意识（S7）	持续学习是创新的基础和前提，懂得通过坚持学习为自己不断赋能，这也是"知识无涯、学无止境、人活到老学到老"的哲学原理
	学习行动力（S8）	把主动学习意识和持续学习意识转化为学习力和行动力
	适变能力（S9）	具有较强的分析问题和作出正确判断的能力，面临新环境的变化，能够尽快了解新的要求，明确新的学习和努力方向
	学习方法和技能（S10）	掌握学习的方法论和技巧，在持续学习中，得以提升学习效率
系统思维（C4）	动态思维（S11）	因为系统的动态性，学生需要用看变化而非静止的思维去思考
	整体思维（S12）	整体思维又称全局思维，是系统思维的核心，从大局视野观看事物的全貌，研究系统中的元素及元素之间的关系，而非各个元素的简单累加
	立体思维（S13）	立体思维又称空间思维，是一种开放型思维。在立体思维中，纵向思维和横向思维不再是各自独立的，而是有机统一在一起的

续表

非技术能力	能力子项	解释
系统思维 （C4）	结构思维 （S14）	系统的非线性意味着，如果改变元素之间的连接，会改变系统的结构，从而改变系统的行为结果。学生需要聚焦系统的结构，而非表象
	分析性思维 （S15）	能对事实、问题进行分解，运用理论、模型、数理分析，明确因果关系并预测结果
创新思维 （C5）	创造性思维 （S16）	通过深入思考，能运用本专业和跨专业知识，创造超越本专业的知识或产品
	逆向思维 （S17）	一种比较特殊的思维方式，其思维取向总与常人的思维取向相反。该思维主张关注小概率和可能性，是发现问题、分析问题和解决问题的重要手段，有助于克服思维定式的局限性
	逻辑思维 （S18）	创新思维作为一个思维过程，是奠定在逻辑思维的基础上的。逻辑思维是思维主体把感性认识阶段获得的对事物认知的信息材料抽象成概念，运用概念进行判断，并按一定的逻辑关系进行推理，从而产生新的认识。逻辑思维具有规范、严密、确定和可重复等特点
	群体思维 （S19）	汇集一批专家、技术人员和其他相关人员共同进行思考，集思广益，通过大家不同的想法来寻找最佳的创意理念
	灵感思维 （S20）	作为高级复杂的创造性思维理性活动形式，它不是一种简单逻辑或非逻辑的单向思维运动，而是逻辑性与非逻辑性相统一的理性思维整体过程
	发散思维 （S21）	发散思维又称辐射思维、放射思维、扩散思维或求异思维，是指大脑在思维时呈现出的一种扩散状态的思维模式。它表现为思维视野广阔，思维呈现出多维发散状
	辩证思维 （S22）	辩证思维是唯物辩证法在思维中的运用，通常认为是与逻辑思维相对立的。并要求在观察问题和分析问题时，以动态发展的眼光看待问题
国际视野 （C6）	全球视野 （S23）	了解国际形势并知晓全球变化趋势有利于学生在国企、央企及外资企业管理层的发展
	国际意识 （S24）	学生需要具备国际趋势大发展的敏感性，并能在抉择时作出正确的决策
组织领导 （C7）	团队意识 （S25）	具备良好的团队合作精神，熟知团队合作中成员的分工以及个人的角色
	社会协调能力 （S26）	熟悉工程与外部组织的合作或对抗等角色关系，能够正确对待、处理和协调好与公众、政府、媒体等外部关系，具有危机处理能力
	组织管理 （S27）	掌握组织领导原则并能实践这些原则，有能力组织协调工程的实施，并处理工程活动中的可能冲突
沟通协作 （C8）	交流沟通能力（S28）	能与工程同行和社会人士就复杂工程活动进行有效沟通
	表达能力（S29）	能将工程问题、专业技术问题进行清晰表达

第四章 工程管理视域下土建类非技术能力知识体系化架构

（一）知识体系化的建构思路

本《指南》对土建类非技术能力知识体系化的整体思路源于多年来工程管理的教学经验和教学思考，通过对非技术能力的 8 项能力要求的内涵解析，提炼出适合土建类本科生培养的非技术能力知识点、知识单元和课程群，这 3 部分构成了土建类非技术能力的知识体系。该体系可通过有序的课堂教学、实践教学和课外活动等，实现学生在技术能力和非技术能力方面的深度融合和协调发展。土建类非技术能力知识体系化的建构思路如图 4.1 所示。

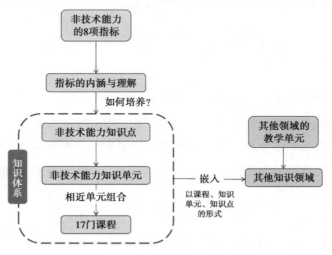

图 4.1　土建类非技术能力知识体系化的建构思路

1. 非技术能力的知识点

非技术能力的知识点是提供各种非技术能力所应具备知识的最小维度。

2. 非技术能力的知识单元

由多个知识点构成的非技术能力的最小集合，也是专业教学中必要的最基本的教学内容。

3. 土建类非技术能力课程群

由多个知识单元组合形成一门课程，由多门课程组成的集合称为课程群。土建类非技术能力课程群就是由多门课程组合而成的。

（二）非技术能力知识体系与相关课程映射逻辑

非技术能力知识体系如图 4.2 所示。

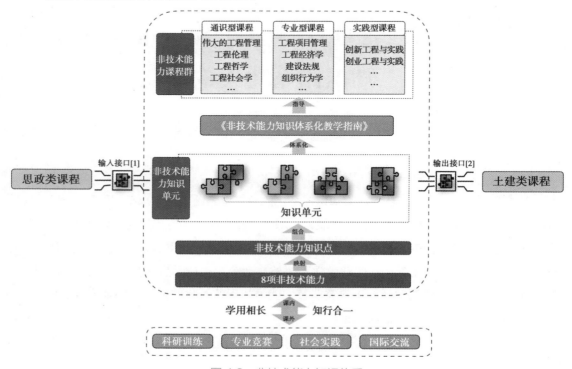

图 4.2　非技术能力知识体系

1. 非技术能力知识体系与思政类课程的映射方式

非技术能力知识与思想政治教育内容一脉相承，均包括家国情怀、社会责任、科学精神、人文精神、职业素养等思政元素。前者强调在专业领域和场景中非技术能力的知行合一，其知识是在思想政治教育知识课程体系基础上进一步提炼而来，同时提炼成熟的知识单元也是对后者的知识反哺。

2. 非技术能力知识体系与土建类其他专业课程的映射方式

非技术能力知识与技术能力知识属于互补关系，两者需紧密交融。这两种能力要求学生做到"你中有我，我中有你"。本《指南》提炼的非技术能力的多个知识点和知识单元，可选择"点式"或"单元式"植入。

第五章　工程管理视域下土建类非技术能力培养的知识点和知识单元

本《指南》编制教学团队从工程管理的视角，根据非技术能力体系和非技术能力要求的表征子项进行了知识点和知识单元梳理，形成表 5.1 "土建类非技术能力培养的知识点和知识单元"。

表 5.1　土建类非技术能力培养的知识点和知识单元

非技术能力体系	知识点			知识单元
	编号	知识描述	子项能力达成	
C1– 哲学思维	C101	社会存在与社会意识的含义与关系	S1/S2/S19	唯物主义
	C102	社会主义与集体主义的含义	S1/S2	
	C103	个人利益与集体利益的关系	S1/S2	
	C104	物质和意识的辩证关系	S1/S2	
	C105	规律的客观性和人的主观能动性	S1/S2	
	C106	认识论	S1/S2	
	C107	发展观	S1/S2	
	C108	唯心主义基本观点和分类	S1/S2	唯心主义
	C109	哲学的含义	S1/S2	哲学意识
	C110	哲学与其他科学的关系	S1/S2	
	C111	哲学的基本问题	S1/S2	
	C112	意识的本质和作用	S1/S2	
C2– 价值判断	C201	社会主义核心价值观的含义与理解	S1/S2	社会主义核心价值观
	C202	人的价值与评价	S1/S2	人生价值观
	C203	价值观导向作用	S1/S2	
	C204	价值判断与价值选择	S1/S2/S26	
	C205	价值创造与实现	S1/S2	

续表

非技术能力体系	知识点			知识单元
	编号	知识描述	子项能力达成	
C2-价值判断	C206	道德与伦理的含义与关系	S1/S2	工程中的道德与伦理
	C207	工程实践中的伦理问题及其处理原则	S3/S4/S5/S26	
	C208	工程的价值及其特点	S3/S4/S5	工程中的价值、利益与公正
	C209	工程实践中的利益与社会成本承担	S3/S4/S5/S1	
	C210	工程的公正原则	S3/S4/S5/S1/S2	
	C211	环境伦理观念的确立	S3/S4/S5/S7	工程活动中的环境伦理
	C212	环境价值与伦理原则	S3/S4/S5//S7	
	C213	工程师的环境伦理	S3/S4/S5//S11	
	C214	自然资源的利用和保护	S3/S4/S5/	
	C215	职业的地位、性质、作用及制度	S3/S4/S5/S10	工程师的职业伦理
	C216	工程职业伦理	S3/S4/S5/S12	
	C217	职业伦理规范	S3/S4/S5	
	C218	各专业对工程师职业伦理的要求	S3/S4/S5	面向专业的伦理问题
	C219	各专业伦理问题的处理原则及方法	S3/S4/S5	
C3-终身学习	C301	定义学习和终身学习	S6/S7/S8/S9	终身学习的理论
	C302	终身学习的理论发展	S6/S7/S8/S9	
	C303	终身学习的性质	S6/S7/S8/S9	
	C304	终身学习水平的评估	S6/S7/S8/S9	
	C305	如何通过自己去学习	S6/S7/S8/S9	终身学习的学习场景
	C306	如何从思考中去学习	S6/S7/S8/S9/S10	
	C307	如何从专业化和多样性中进行学习挑战	S6/S7/S8/S9/S10	
	C308	认识自己的 4F 学习法	S6/S10	终身学习的方法论
	C309	达成目标的 GEAR 学习法	S6/S10	
	C310	赋能他人的 TREE 学习法	S6/S10	
	C311	职业发展的能力和素质	S6/S7/S8/S9/	终身学习与职业发展
	C312	如何面对职业变化的挑战	S6/S7/S8/S9/	
	C313	自我职业规划和终身学习	S6/S7/S8/S9/	
C4-系统思维	C401	系统与系统工程的概念	S11/S12/S18/S14	系统工程的基本原理
	C402	系统科学的内容与范围	S11/S12/S18/S14	
	C403	系统工程方法论	S11/S12/S18/S14	系统工程方法论
	C404	系统思维的建立	S11/S12/S18/S14	
	C405	系统评价	S11/S12/S18/S14	

非技术能力体系	知识点			知识单元
	编号	知识描述	子项能力达成	
C4– 系统思维	C406	复杂性科学	S11/S12/S18/S14	复杂系统原理
	C407	复杂网络结构研究	S11/S12/S25/S27	
	C408	系统动力学方法与原理	S11/S12/S14/S18/S19	系统动力学
	C409	复杂系统演化的原理	S11/S12/S14/S18/S19	
	C410	社会网络分析	S11/S12/S25/S27	系统工程计算技术
	C411	系统仿真技术	S11/S12/S14/S18/S19	
	C412	计算机建模仿真	S11/S12/S14/S18/S19	系统结构控制
	C413	战略研究	S11/S12/S14/S18/S19	
	C414	组织与控制论	S11/S12/S14/S18/S19	系统决策与控制
	C415	系统决策科学	S11/S12/S14/S18	
C5– 创新思维	C501	创新思维及其特征	S16/S20	创新思维的基本形式
	C502	创新思维过程	S16/S20	
	C503	逻辑思维	S16/S17/S18/S22	
	C504	逻辑思维方法	S16/S17/S18/S22	
	C505	形象思维	S16/S17/S20/S21	
	C506	思维导图	S16/S19/S20/S21	创新思维的方法论
	C507	头脑风暴法	S16/S19/S20/S21	
	C508	创新设计思维	S16/S19/S20/S21	
	C509	创新设计思维的流程	S16/S18/S22	
	C510	创新工具	S16/S18/S22	
	C511	TRIZ 理论	S16/S18/S22	
	C512	创新的程序化方法	S16/S18/S22	
C6– 国际视野	C601	国际意识的含义及理解	S23/S24	工程的全球视野与国际意识
	C602	国际意识在决策和管理中的作用	S23/S24	
	C603	国内外工程发展状况	S23/S24	
	C604	国内外工程承发包主要类型	S23/S24	
	C605	国际工程项目项目管理过程	S23/S24	
	C606	国际工程项目管理的宏观环境	S23/S24	

续表

非技术能力体系	知识点			知识单元
	编号	知识描述	子项能力达成	
C6–国际视野	C607	国际工程项目所属地文化	S23/S24	工程的全球视野与国际意识
	C608	国际货物贸易法	S23/S24	国际经济法
	C609	国际知识产权法	S23/S24	
	C610	国际投资法	S23/S24	
	C611	国际金融法	S23/S24	
	C612	国际税法	S23/S24	
	C613	国际工程项目经理	S23/S24	国际工程项目管理能力
	C614	国际工程风险管理	S23/S24	
	C615	国际工程项目货物采购管理	S23/S24	
	C616	国际工程质量管理标准	S23/S24	
	C617	国际工程环境保护管理	S23/S24	
	C618	国际工程进度管理	S23/S24	
	C619	国际工程费用管理	S23/S24	
	C620	国际工程项目职业健康与安全管理	S23/S24	
	C621	国际工程合同范（FIDIC/AIA/ICE）	S23/S24	国际工程合同订立与履行
	C622	国际工程合同文件组成与合同条件	S23/S24	
	C623	国际工程合同订立的方式	S23/S24	
	C624	国际工程投标	S23/S24	
	C625	国际工程索赔流程	S23/S24	
	C626	国际工程争议的解决	S23/S24/S28/S29	
	C627	国际工程合同谈判的理论和方法	S23/S24/S28/S29	
	C628	国际工程保险种类	S23/S24	
C7–组织领导	C701	管理的职能、地位与作用	S25/S26/S27	管理引论
	C702	管理者角色及技能	S25/S26/S27	
	C703	管理的基本原理与基本方法	S25/S26/S27	
	C704	组织结构类型	S25/S26/S27	组织职能
	C705	组织设计与制度规范	S25/S26/S27	
	C706	团队与组织文化	S25/S26/S27	
	C707	控制原理、控制类型	S25/S26/S27	控制职能
	C708	控制的方法与技术	S25/S26/S27	
	C709	激励的一般原则和基本理论	S25/S26/S27	激励职能

非技术能力体系	知识点			知识单元
	编号	知识描述	子项能力达成	
C7– 组织领导	C710	激励的基本方法与技巧	S25/S26/S27	激励职能
	C711	领导的基本理论	S25/S26/S27	领导职能
	C712	领导者及其素质	S25/S26/S27	
	C713	领导方式与效能	S25/S26/S27	
	C714	决策的过程与影响因素	S25/S26/S27	决策职能
	C715	决策理论	S25/S26/S27	
	C716	决策的方法与技术	S25/S26/S27	
	C717	决策的类型	S25/S26/S27	
C8– 沟通协作	C801	沟通的作用、种类	S28/S29	沟通职能
	C802	沟通的障碍与克服方法	S28/S29	
	C803	冲突与谈判	S28/S29	
	C804	工程争议问题的解决	S28/S29	语言与非语言
	C805	演讲技巧	S28/S29	
	C806	协调的方式方法	S28/S29	
	C807	有效的指挥	S28/S29	
	C808	人际关系沟通	S28/S29	

第六章　土建类非技术能力知识体系化的课程群及组合映射关系

（一）非技术能力知识体系与 17 门课程的组合逻辑

本《指南》中的非技术能力知识点蕴含 8 项非技术能力内涵特征，构成了一个知识点集合体。本《指南》根据土建类非技术能力的需求，从工程管理的视角，在第五章非技术知识点和知识单元基础上，遴选了 17 门涵盖非技术能力知识点和知识单元的课程，形成了非技术能力培养的体系化课程群。

17 门非技术能力课程分别是：伟大的工程管理、工程伦理、工程社会学、工程哲学、工程环境学、管理学基础、组织行为学、经济法、建设法规、建筑经济学、工程经济学、工程项目管理、工程合同管理、工程财务管理、城市经济学、创新工程与实践、创业工程与实践。

（二）非技术能力课程群的知识点和知识单元

非技术能力课程群的知识点和知识单元见表 6.1。

（三）土建类非技术能力的课程群（以重庆大学为例）

本《指南》基于工程管理实践经验，以重庆大学为例，按照通识类型、专业类型和创新实践类型等 3 类，提炼并形成了以《伟大的工程管理》《工程伦理》等 17 门非技术能力类的课程群，表 6.2 罗列了每门课程与非技术能力的映射关系矩阵。

表 6.1　非技术能力课程群的知识点和知识单元

非技术能力课程群	组合	知识单元		知识点		可嵌入土建类专业
		编号（U）	单元	编号（P）	描述	
工程伦理（32学时）	←	1	工程中的道德与伦理	1-1	道德与伦理的含义与关系	建筑学，城市规划，土木工程，交通工程，涉外工程，环境工程，建筑环境与设备工程，建筑节能技术与工程，城市地下空间工程，历史建筑保护工程，景观建筑设计，水务工程，农业工程，设施农业科学与工程，建筑设施智能技术等
				1-2	工程实践中的伦理问题及其处理原则	
		2	工程中的风险与责任	2-1	风险来源及防范	
				2-2	风险的伦理评估	
				2-3	风险中的伦理责任	
		3	工程中的价值、利益与公正	3-1	工程的价值及其特点	
				3-2	工程实践中的利益与社会成本承担	
				3-3	工程的公正原则	
		4	工程活动中的环境伦理	4-1	环境伦理观念的确立	
				4-2	环境价值与伦理原则	
				4-3	工程师的环境伦理	
				4-4	自然资源的利用和保护	
		5	工程师的职业伦理	5-1	职业的地位、性质、作用及制度	
				5-2	工程职业伦理	
				5-3	职业伦理规范	
		6	面向专业的伦理问题	6-1	各专业对工程师职业伦理的要求	
				6-2	各专业的伦理问题的处理原则及方法	

续表

非技术能力课程群	知识单元			知识点			可嵌入土建类专业
	组合	编号（U）	单元	编号（P）	描述	
组织行为学（40学时）	←	1	组织行为学概述	1-1	组织和行为的含义和关系	建筑学、城市规划、土木工程、交通工程、涉外工程、环境工程、建筑环境与设备工程、建筑节能技术与工程、城市地下空间工程、历史建筑保护设计、景观建筑设计、水务工程、农业工程、设施农业科学与工程、建筑设施智能技术等
				1-2	组织行为学的内涵、范围和重点	
				1-3	组织行为学的形成、发展和挑战	
				1-4	组织行为学的研究过程和基本研究方法	
		2	组织中的个体	2-1	多元化个体	
				2-2	个体的社会化	
				2-3	个体动机	
		3	组织中的群体	3-1	群体的定义和内涵	
				3-2	团体的类型、管理和发展	
				3-3	领导理论	
				3-4	沟通类型、障碍和提升技巧	
				3-5	冲突的产生和管理	
		4	组织	4-1	组织与组织理论	
				4-2	组织变革	
				4-3	组织文化	
				4-4	组织学习	
				4-5	新兴组织的兴起与发展	

课程	章	章名	节	节名	适用专业
工程经济学（48学时）	1	工程经济学概论	1-1	工程技术经济学的相关概念	建筑学、城市规划、土木工程、交通工程、涉外工程、环境工程、建筑节能与设备工程、建筑技术与工程、城市地下空间工程、历史建筑保护工程、景观建筑设计、水务工程、农业工程、设施农业科学与工程、建筑设施智能技术等
			1-2	工程经济学及其发展	
			1-3	工程经济学的基本原理	
	2	现金流量与资金时间价值	2-1	现金流量	
			2-2	资金时间价值	
			2-3	等值计算及应用	
	3	现金流量构成要素	3-1	工程项目投资及构成	
			3-2	工程项目运营期成本费用	
			3-3	营业收入、税金及附加	
			3-4	利润	
	4	工程项目经济效果评价方法	4-1	经济评价指标	
			4-2	决策结构与评价方法	
	5	工程项目风险与不确定性分析	5-1	盈亏平衡分析	
			5-2	敏感性分析	
			5-3	风险分析	
	6	工程项目投资估算与融资方案	6-1	工程项目投资估算	
			6-2	工程项目融资方案	

续表

| 非技术能力课程群 | 组合 | 知识单元 | | 知识点 | | 可嵌入土建类专业 |
		编号（U）	单元	编号（P）	描述	
建设工程合同管理（64学时）	1	1	工程采购和合同的理论基础	1-1	现代建设工程采购模式与相应的合同结构体系及其基本特点	建筑学、城市规划、土木工程、交通工程、涉外工程、环境工程、建筑环境与设备工程、建筑节能技术与工程、城市地下空间工程、历史建筑保护工程、景观建筑设计、水务工程、农业工程、设施农业科学与工程、建筑智能设施技术等
				1-2	建设工程全生命周期内的主要合同关系	
				1-3	建设工程合同的法律基础	
				1-4	现代建设工程合同及其主要特点	
				1-5	国内外建设工程合同的主要类型	
		2	建设工程合同总体策划	2-1	工作分解结构及其编码体系	
				2-2	建设工程采购模式和合同结构体系的确定	
				2-3	合同工程范围的确定	
				2-4	建设工程合同类型和合同文本的选择	
				2-5	建设工程合同中重要合同条款的种类划分、内容设置及各类条款间相互关系的确定	
				2-6	建设工程合同风险评价和合同风险管理措施	
				2-7	建设工程合同体系的设计与协调	
				2-8	重要的建设工程合同条款、建设工程合同管理程序设计	
		3	建设工程合同风险管理	3-1	建设工程风险与建设工程合同风险	
				3-2	建设工程合同风险的类型、特点及其对合同的影响	
				3-3	建设工程合同风险的分担（分配）原则	
				3-4	建设工程合同风险管理的主要措施——工程担保、工程保险、工程分包、联营承包	

			建筑学、城市规划、土木工程、交通工程、建筑环境与设备工程、建筑节能技术与工程、城市地下空间工程、历史建筑保护工程、景观建筑设计、水务工程、农业与工程、设施农业科学与工程、建筑智能技术等
	招标文件、投标文件的编制、分析与审查	4-1	
建设工程合同订立阶段的合同管理	建设工程合同审查、建设工程合同谈判	4-2	
4	建设工程合同的订立程序及管理	4-3	
	建设工程合同履行原则	5-1	
	建设工程合同分析	5-2	
建设工程合同履行阶段的合同管理	建设工程合同实施控制	5-3	
5	建设工程合同变更管理	5-4	
	建设工程合同价格调整与支付管理	5-5	
	建设工程合同的损害赔偿	5-6	
	建设工程合同的缺陷责任	5-7	
	建设工程合同争议的主要类型及其特点	6-1	
建设工程合同争议的解决	建设工程合同争议的解决方式	6-2	
6	ADR技术在建设工程合同争议解决过程中的应用	6-3	
	工程索赔概述	7-1	
工程索赔管理	工程索赔的程序	7-2	
7	工期索赔管理	7-3	
	费用索赔管理	7-4	
建设工程合同信息管理	建设工程合同管理信息系统特点、功能	8-1	
8	建设工程合同管理信息系统的设计原则、设计方法	8-2	
	几种常用的建设工程合同管理工具软件	8-3	

建设工程合同管理（64学时）

非技术能力课程群	组合	知识单元			知识点		可嵌入土建类专业
		编号（U）	单元	编号（P）	描述		
工程项目管理（64学时）	1	1	工程项目的基本概念	1-1	项目与工程项目的定义及特点		建筑学、城市规划、土木工程、交通工程、涉外工程、环境工程、建筑环境与设备工程、建筑节能技术与工程、城市地下空间工程、历史建筑保护工程、景观建筑设计、水务工程、农业工程、设施农业科学与工程、建筑设施智能技术等
				1-2	工程项目管理的内容、类型，工程项目管理的任务		
				1-3	建设监理的基本概念		
				1-4	管理咨询工程师的知识结构、能力和责任，项目管理咨询合同		
				1-5	工程项目管理理论的产生与发展		
		2	建设项目采购管理	2-1	建设项目管理的定义及特点		
				2-2	工程项目招标类型和基本程序		
				2-3	工程项目管理采购模式		
		4	项目管理的组织理论	4-1	组织结构模式、管理任务分工、管理职能分工，工作流程组织，工程项目结构		
				4-2	工程项目承发包的组织模式，工程项目管理组织结构，工程项目管理组织模式		
				4-3	工程项目管理规划		
		5	工程项目进度控制	5-1	进度控制的含义、目的和任务		
				5-2	网络计划技术概述		
				5-3	双代号网络计划，双代号时标网络计划		
				5-4	单代号网络计划，单代号搭接网络计划		
				5-5	网络计划优化技术		

				建筑学、城市规划、土木工程、交通工程、环境工程、建筑环境与设备工程、城市地下空间工程、历史建筑保护工程、景观建筑设计、水务工程、农业工程、设施农业科学与工程、建筑设施智能技术等
工程项目管理（64学时）←	6	建设项目投资控制	6-1	投资控制的含义、目的	
			6-2	投资控制的任务和方法和项目实施阶段投资控制的任务与措施	
			6-3	项目成本分析及分析和成本控制的方法	
	7	建设项目质量和安全管理	7-1	项目质量控制目标和成本控制依据	
			7-2	安全管理的基本原则，安全技术措施，安全技术措施计划和施工安全技术检查	
			7-3	建筑施工伤亡事故的主要类别，建筑施工安全管理的检查评价	
	8	施工组织设计	8-1	施工组织总设计的内容	
			8-2	单位工程施工组织设计内容	
工程财务管理（40学时）←	1	基本概念	1-1	财务管理内涵	
			1-2	财务管理目标及环境	
			1-3	财务管理假设与原则	
	2	财务管理价值观念	2-1	货币时间价值	
			2-2	投资风险价值	
	3	财务分析	3-1	财务分析概述	
			3-2	基本财务比率	
			3-3	财务综合分析	
	4	工程筹资管理	4-1	筹资概述	
			4-2	长期筹资方式	
			4-3	资本成本	
			4-4	经营杠杆与财务杠杆	
			4-5	资本结构	

非技术能力课程群	组合	知识单元			知识点		可嵌入土建类专业
		编号（U）	单元	编号（P）	描述	知识点	
工程财务管理（40学时）	←	5	工程投资管理	5-1	投资概述		
				5-2	项目投资的现金流及其估算		
				5-3	项目投资财务决策		
		6	工程营运资本管理	6-1	现金管理		
				6-2	应收账款管理		
				6-3	存货管理		
				6-4	短期筹资		
		7	利润及利润分配管理	7-1	利润管理		建筑学、城市规划、土木工程、交通工程、涉外工程、环境工程、建筑环境与设备工程、建筑节能技术与工程、城市地下空间工程、历史建筑保护工程、景观建筑设计、水务工程、农业工程、设施农业科学与工程、建筑设施智能技术等
				7-2	利润分配管理		
城市经济学（32学时）	←	1	城市形成与发展	1-1	城市的特征与形成		
				1-2	城市化		
				1-3	城市规模及其外在影响		
				1-4	城市的发展周期		
		2	城市区域空间结构	2-1	区位与选址		
				2-2	竞租与城市空间结构组织		
				2-3	城市空间结构的演化		
				2-4	城市体系		
		3	城市土地经济	3-1	基本理论		
				3-2	城市土地市场及其均衡		
				3-3	城市土地开发		

课程	序号	模块	编号	基本理论	涉及专业
城市经济学（32学时）	4	城市基础设施经济	4-1	城市基础设施的供给	建筑学、城市规划、土木工程、交通工程、环境工程、建筑环境与设备工程、建筑节能技术与工程、城市地下空间工程、历史建筑保护设计、景观建筑设计、水务工程、农业工程、设施农业科学与工程、建筑设施智能技术等
			4-2	城市基础设施的定价	
	5	城市房地产经济	5-1	住房市场供需与价格	
			5-2	房地产周期	
			5-3	房地产市场的空间差异	
	6	城市政府职能与财政体制	6-1	城市政府职能	
			6-2	城市财政体制	
管理学基础（32学时）	1	总论	1-1	管理的内涵与本质	
			1-2	管理理论的历史演变	
	2	决策	2-1	决策与决策过程	
			2-2	环境分析与理性决策	
			2-3	决策的实施与调整	
	3	组织	3-1	组织设计	
			3-2	人员配备	
			3-3	组织文化	
	4	领导	4-1	领导的一般理论	
			4-2	激励	
			4-3	沟通	
	5	控制	5-1	控制的类型与过程	
			5-2	控制的方法与技术	
			5-3	风险控制与危机管理	

续表

非技术能力课程群	组合	知识单元		知识点		可嵌入土建类专业
		编号（U）	单元	编号（P）	描述	
管理学基础（32学时）	↑	6	创新	6-1	创新原理	
				6-2	组织创新	
				6-3	互联网时代的管理展望	
建设法规（32学时）	↑	1	概述	1-1	建设法规的相关概念	建筑学、城市规划、交通工程、涉外工程、环境工程、建筑环境与设备工程、建筑节能技术与工程、城市地下空间工程、历史建筑保护设计、景观建筑设计、水务工程、农业工程、设施农业科学与工程、建筑设施智能技术等
				1-2	建设法规体系	
				1-3	建设法规的实施	
		2	工程建设程序法规	2-1	工程建设程序概念	
				2-2	工程建设程序阶段的划分	
				2-3	工程建设程序各阶段的内容	
		3	工程建设职业资格法规	3-1	工程建设职业资格制度的概念	
				3-2	工程建设从业单位资质管理	
				3-3	工程建设专业技术人员职业资格管理	
				3-4	专业执业人员权益侵权风险防范	
		4	招标投标法	4-1	招投标过程中涉及的主体、招投标法律体系概述	
				4-2	建设项目招标的种类、概念、原则及规避招标的手法	
				4-3	开标、评标和中标	
		5	建设工程合同法规	5-1	建设工程合同的概念、签订及法律依据	
				5-2	无效建设施工合同	

课程群	课程	编号	知识点	适用专业
建设法规（32学时）	5 建设工程合同法规	5-3	建设工程合同纠纷	建筑学、城市规划、土木工程、交通工程、环境工程、建筑环境与设备工程、建筑节能技术与工程、城市地下空间工程、历史建筑保护设计、景观建筑设计、农业工程、水务工程、设施农业科学与工程、建筑智能技术等
	6 工程发包与承包法规	6-1	建设工程发包与承包的概念	
		6-2	建设工程发包与承包的法律规定	
经济法（40学时）	1 经济法基础	1-1	经济法的相关概念	
		1-2	经济法律关系	
		1-3	经济法律关系的构成	
	2 个人独资企业法	2-1	个人独资企业法的概念	
		2-2	个人独资企业法的特征	
		2-3	设立个人独资企业的程序	
	3 合伙企业法	3-1	合伙企业法的概念、特征	
		3-2	合伙企业法的法律分类规定	
		3-3	合伙企业的设立程序	
		3-4	法律责任	
	4 公司法	4-1	公司法的概述	
		4-2	公司法的主要规定	
	5 民法典	5-1	合同编概述	
		5-2	合同的订立	
		5-3	无效合同	
		5-4	合同的违约责任	
		5-5	合同纠纷的解决	

续表

非技术能力课程群	组合	知识单元 编号(U)	单元	知识点 编号(P)	描述	可嵌入土建类专业
工程环境学（32学时）	①	1	工程与环境的关系	1-1	工程环境与自然环境、人工环境、社会环境的关系	建筑学、城市规划、土木工程、交通工程、环境工程、建筑环境与设备工程、建筑节能技术与工程、城市地下空间工程、历史建筑保护工程、景观设计、水务工程、农业工程、设施农业科学与工程、建筑设施智能技术等
				1-2	工程的生态价值	
				1-3	工程生态观：人与自然和谐	
		2	工程可持续建设理论	2-1	工程可持续建设内涵	
				2-2	工程可持续建设理论基础：可持续发展理论、全生命周期理论、代际公平理论	
				2-3	工程可持续建设系统与程序	
		3	工程绿色建造	3-1	绿色建造内涵、绿色建筑理念	
				3-2	工程可持续建设策划	
				3-3	工程低碳设计与绿色施工	
				3-4	绿色技术与绿色建材	
				3-5	既有工程可持续改造	
				3-6	建筑垃圾资源化管理	
		4	工程可持续建设评价	4-1	绿色建筑评价标准与评价标识	
				4-2	全生命周期评价	
				4-3	工程生态足迹与碳足迹	
				4-4	工程项目碳排放测算	
		5	工程可持续建设机制与模式	5-1	可持续建设的市场机制：合同能源管理	
				5-2	绿色金融：碳交易、碳资产	

课程		章	节	节内容	涉及专业
伟大的工程管理（32学时）	1				建筑学、城市规划、土木工程、交通工程、涉外工程、环境工程、建筑环境与设备工程、建筑节能技术与工程、城市地下空间工程、历史建筑保护工程、景观设计、水务工程、农业工程、设施农业科学与工程、建筑设施智能技术等
		工程管理活动	1-1	工程基本概念与特点	
			1-2	工程建设管理的必要性	
			1-3	工程建设中常见的管理问题	
			1-4	工程管理活动：内容、特点、过程、模式	
	2	工程管理事业的伟大意义	2-1	工程管理的广泛性与普适性	
			2-2	工程管理的经济意义	
			2-3	工程管理的社会意义	
			2-4	工程管理的生态意义	
	3	伟大的工程管理实践	3-1	伟大工程巡礼（国内外经典案例分享）：土木工程、能源工程、航空航天工程、材料工程、电气工程、高科技工程等	
	4	优秀工程管理者的基本素质	4-1	优秀工程管理者的知识结构：技术、管理、经济、法律、社会、环境等	
			4-2	优秀工程管理者的职业责任：社会责任、历史责任	
			4-3	优秀工程管理者的成长路径：终身学习、非技术能力培养	
	5	工程管理事业发展趋势	5-1	新时代工程建设特征	
			5-2	现代工程管理的新要求	
			5-3	工程管理发展前沿	

续表

非技术能力课程群	组合	知识单元		知识点		可嵌入土建类专业
		编号（U）	单元	编号（P）	描述	
工程哲学（32学时）	↑	1	工程史	1-1	人类历史中的工程现象与工程活动	建筑学、城市规划、土木工程、交通工程、涉外工程、环境工程、建筑环境与设备工程、建筑节能技术与工程、城市地下空间工程、历史建筑保护设计、景观建筑设计、水务工程、农业工程、设施农业科学与工程、建筑设施智能技术等
				1-2	工程发展的内在联系与普遍规律	
		2	工程观	2-1	传统工程观：生态规律与人的社会活动规律的对立统一	
				2-2	现代工程观：价值观、系统观、生态观与社会观	
		3	工程本体论	3-1	工程的含义、本质与特点	
				3-2	工程与科学技术的关系	
				3-3	工程与人、自然、社会的关系	
		4	工程认识论	4-1	工程的建构与解构	
				4-2	工程知识：原理与程序	
				4-3	工程知识：创新与决策	
				4-4	工程评价的价值尺度	
		5	工程价值论	5-1	工程的价值理性与工具理性	
				5-2	工程价值中的科学价值、生态价值、美学价值、文化价值和伦理价值	
				5-3	工程合理性：合目的性、合规则性与合规律性	
		6	工程方法论	6-1	工程思维与科学思维、技术思维的关系	
				6-2	工程方法体系：工程设计、建构与控制	

课程	序号	章节名称	编号	小节内容	涉及专业
工程社会学（32学时）	1	工程社会学概论	1-1	工程社会学的基本内涵与学科性质	建筑学、城市规划、土木工程、交通工程、涉外工程、环境工程、建筑环境与设备工程、建筑节能技术与工程、城市地下空间工程、历史建筑保护工程、景观设计、水务工程、设施农业科学与工程、建筑设施智能技术等
	2	工程的社会结构	2-1	社会结构的基本理论概要	
			2-2	工程共同体的构成分析：工程师、工人、投资者、管理者、其他利益相关者	
			2-3	工程职业共同体：职业、职业共同体、工程师协会和工程师的职业认证、工会、雇主协会	
			2-4	工程活动共同体：企业或项目共同体的本质、工程活动共同体的维系纽带、形成、动态变化和解体	
	3	工程活动共同体内部的人际关系	3-1	工程活动共同体的关系网络	
			3-3	权威与民主、分工与合作、冲突与协调	
	4	工程共同体与"社会实在"	4-1	个人实在和"集体实在"	
			4-2	契约制度实在、物质设施实在和角色结构在"三位一体"的"社会实在"	
			4-3	"岗位人"的"出场"、"在场"与"退场"	
	5	工程社会与安全	5-1	工程社会学的内部安全与外部安全	
			5-2	工程安全的社会建构	
	6	工程与社会生态环境	6-1	环境社会学相关理论概要	
			6-2	工程生态保护的社会认识	
			6-3	工程生态环境因素的对策、工程环境影响评价	
	7	工程的社会控制	7-1	生态环境保护问题的对策、原因	
			7-2	工程社会控制：含义、主体、特征、作用与方法	
	8	工程的社会影响评价	8-1	工程项目的正面影响与负面影响	
			8-2	工程项目社会影响的作用机制	
			8-3	工程项目社会稳定风险评估评估机制	

续表

非技术能力课程群	组合	知识单元 编号（U）	单元	知识点 编号（P）	描述	可嵌入土建类专业
建筑经济学（16学时）	←	1	引言	1-1	建筑业热点现象，建筑经济学的主要研究内容	建筑学、城市规划、土木工程、交通工程、涉外工程、环境工程、建筑环境与设备工程、建筑节能技术与工程、城市地下空间工程、历史建筑保护工程、景观建筑设计、水务工程、农业工程、设施农业科学与工程、建筑设施智能技术等
		2	建筑业与建筑业的地位、现状	2-1	建筑业的概念，建筑业与房地产业、工程咨询业的区别和联系	
				2-2	建筑业的地位和作用	
				2-3	建筑业总产值、增加值等建筑业相关经济指标	
				2-4	建筑业的现状	
		3	建筑产品	3-1	建筑产品的特征	
				3-2	建筑产品的属性	
				3-3	建筑产品的价格特点、价格构成、价格形式	
				3-4	建筑产品流通、交易特点	
		4	建筑生产	4-1	建筑生产与经营的特点	
				4-2	建筑生产工人	
				4-3	建筑业生产效率	
				4-4	建筑业的质量安全管理	
				4-5	可持续建造的概念和内涵	
		5	建筑市场	5-1	建筑市场的供求	
				5-2	建筑市场的交易	
				5-3	建筑行业的竞争与调整	

					建筑学、城市规划、土木工程、交通工程、环境工程、建筑环境与设备工程、建筑节能技术与工程、城市地下空间工程、历史建筑保护工程、景观建筑设计、水务工程、农业工程、设施农业科学、建筑设施智能技术等
创新工程与实践（32学时）	1	创新的概念	1-1	创新的基础性认识	
			1-2	创新驱动战略的背景与实施措施	
	2	创新思维	2-1	创新思维及其特征	
			2-2	创新思维的过程	
			2-3	创新思维的类型（逻辑思维、发散思维、形象思维）	
	3	创新技术和方法论	3-1	创新实践报告的设计	
			3-2	创新实践报告的基本方法与流程	
	4	头脑风暴	4-1	新技术与传统行业的融合应用	
			4-2	基于项目/任务的头脑风暴	
	5	项目实践	5-1	团队写作完成任务	
	6	项目展示	6-1	团队展示、项目汇报	
创业工程与实践（32学时）	1	创业的基本概念	1-1	理解创业	
			1-2	理解市场和客户	
	2	如何创业	2-1	创业的条件	
			2-2	商业计划书的基本内容	
	3	创业实践	3-1	创业实践的基本方法与流程	
			3-2	创业头脑风暴	
			3-3	创业实践报告的撰写	
	4	创业项目展示	4-1	团队展示、项目汇报	

表 6.2　土建类非技术能力课程群与非技术能力的映射矩阵

非技术能力	非技术能力子项	通识课程			专业课程								创新实践课程					
		伟大的工程管理 A	工程伦理管理 B	工程哲学 C	工程社会学 D	工程环境学 E	管理学基础 F	组织行为学 G	经济法 H	建设法规 I	建筑经济学 J	工程经济学 K	工程项目管理 L	工程合同管理 M	工程财务管理 N	城市经济学 O	创新工程实践 P	创业工程实践 Q
哲学思维（C1）	社会主义核心价值观（S1）	√	√	√	√		√	√		√			√				√	√
	唯心主义和唯物主义（S2）	√	√	√	√		√	√		√			√	√				√
价值判断（C2）	社会道德标准（S3）	√				√			√									
	工程职业标准（S4）	√	√		√		√	√		√			√	√	√			
	自然道德标准（S5）		√	√	√	√										√		
终身学习（C3）	主动学习意识（S6）	√	√	√			√	√									√	√
	持续学习意识（S7）		√	√	√		√	√									√	√
	学习行动力（S8）		√	√	√		√	√									√	√
	适变能力（S9）		√	√	√	√		√	√	√							√	√
	学习方法和技能（S10）		√	√	√	√	√		√	√		√	√			√		
系统思维（C4）	动态思维（S11）	√	√	√	√	√	√	√					√	√	√		√	
	整体思维（S12）	√	√	√	√	√	√	√			√		√			√		
	立体思维（S13）	√	√	√	√	√	√	√		√	√	√	√	√	√		√	√
	结构思维（S14）		√	√			√	√		√	√	√	√	√	√	√	√	
	分析性思维（S15）								√	√	√	√	√	√	√	√	√	√

能力（C）	知识点（S）													
创新思维（C5）	创造性思维（S16）	∨											∨	∨
	逆向思维（S17）			∨	∨					∨	∨		∨	∨
	逻辑思维（S18）		∨	∨	∨	∨	∨		∨	∨	∨	∨		
	群体思维（S19）	∨		∨	∨	∨	∨	∨	∨	∨	∨	∨	∨	∨
	灵感思维（S20）			∨							∨	∨	∨	∨
	发散思维（S21）		∨	∨						∨	∨	∨	∨	∨
	辩证思维（S22）			∨	∨	∨	∨	∨	∨	∨	∨		∨	
国际视野（C6）	全球视野（S23）		∨	∨	∨	∨	∨	∨	∨		∨	∨	∨	∨
	国际意识（S24）		∨	∨	∨		∨	∨	∨	∨	∨	∨	∨	∨
组织领导（C7）	团队意识（S25）			∨	∨	∨	∨	∨	∨	∨	∨	∨	∨	∨
	社会协调能力（S26）		∨	∨	∨	∨	∨	∨	∨	∨	∨	∨	∨	∨
	组织管理（S27）	∨	∨	∨	∨	∨	∨	∨	∨	∨	∨	∨	∨	∨
沟通协作（C8）	交流沟通能力（S28）			∨	∨	∨	∨	∨	∨	∨	∨	∨	∨	∨
	表达能力（S29）			∨	∨	∨	∨	∨	∨	∨	∨	∨	∨	∨

第七章 教学案例库和数据库

非技术能力教学案例资源清单见表 7.1。

表 7.1 非技术能力教学案例资源清单

序号	案例名称	作者	学校	支撑的非技术能力
1	创新，还是坚守？——"中华老字号"企业双合成食品公司的复兴之路	孟令熙，胡佳琪，史璐琳，陈珊珊	云南民族大学	创新思维
2	韩都衣舍：小组制团队创新成就了一个电商品牌	石冠峰，刘学民，姚波兰，陈清玲，刘雨婷	石河子大学	创新思维
3	因为不同，所以成功——一家冰淇淋店的发展战略分析	罗光，罗钢等	华中科技大学	创新思维
4	长安汽车创新之道	李缨	重庆理工大学	创新思维
5	海尔集团：创业生态下的数字化转型之旅	郭润萍，韩梦圆，邵婷婷	吉林大学	创新思维
6	创无边界——君智战略咨询的开放式服务创新	张心悦，李长浩	西南科技大学	创新思维
7	海尔集团：物联网生态企业价值创造与分享的演进之路	王竹泉，孙文君，胡子慧，王苑琢，宋晓缤	中国海洋大学	创新思维
8	"大众创业、万众创新"如何创？以成都慧享科技有限公司为例	刘春，芶小婷	西南交通大学	创新思维
9	拼多多的扶贫之路：社会责任与商业模式的融合	游晓东，王韬越，刘党文，葛彦辰，尹婷，严雪玲	福建农林大学	创新思维
10	手机管理下的蜕变：南京中科集团的内部沟通与创新	杨恺钧，许瑞瑞	河海大学	创新思维组织领导
11	负重"前"行还是"后"起勃发？——ZL公司销售后市场战略决策	刘桂良，徐晓虹，王胜华，郭媛媛，戴思	湖南大学	国际视野

续表

序号	案例名称	作者	学校	支撑的非技术能力
12	追梦三十五年：港珠澳大桥工程多主体决策历程	何立华，杜雅爽，崔萧	中国石油大学（华东）	国际视野
13	携手出海，工程项目联营体如何风雨之后见彩虹？	刘俊颖，裴振飞，张玲	天津大学	国际视野
14	从无到有，从有到优——金域公司质量管理体系构建历程	曹元坤，余疆，郭英，汪垚，廖巍俊	江西财经大学	国际视野系统思维
15	不破不立：海尔 HRSSC 的数字化转型之路	赵曙明，赵李晶，李茹，马雨飞	南京大学	国际视野系统思维组织领导
16	从"虾国"到"国虾"：国联水产的战略转型	于鸣，方瑜仁等	北京大学	国际视野创新思维
17	志同结友，道合为谋：中建科工的战略联盟之路	张霜，石思萌，张华，李海红，周旭，姚珣	西南科技大学	国际视野系统思维
18	风云激涌，时代变迁：A 公司的知识管理之路该走向何方？	王军，刘潇蔓，李子舰	吉林大学	国际视野系统思维
19	山东过桥缘餐饮连锁有限公司信息化战略规划	张立涛，于秀艳	山东理工大学	国际视野系统思维创新思维
20	三鹿集团的沉沦	王云峰，许长勇等	河北工业大学	价值判断
21	瑞幸咖啡："破坏性创新"破坏掉的是什么？	许长勇，杨瑞露，朱清香，陈阳阳	河北工业大学	价值判断
22	自动驾驶 伦理困境——伦理困境与伦理选择	刘红勇，欧家路，汤文凯，杨沁歌，彭茜	西南石油大学	价值判断
23	大宁金茂府：房地产"地王"项目开发的困境与出路	曾德珩，单艳，方悦	重庆大学	价值判断
24	专业敬业，寻根溯源，恪尽职守——佛山轨道交通 2 号线一期工程"2·7透水坍塌"事故	冯辉红，刘红勇，蒋杰	西南石油大学	价值判断
25	各善其事，各司其职 ——11·22青岛输油管道爆炸事故	刘红勇，朱林，何维涛，田野	西南石油大学	价值判断
26	化工排污几时休——山西三维集团严重污染事件	张静晓	长安大学	价值判断
27	富维安道拓：战略引领与持续改进的质量发展之路	顾穗珊，王隽菲，高连悦，魏淑惠，孟繁锐	吉林大学	系统思维

续表

序号	案例名称	作者	学校	支撑的非技术能力
28	用心：东创建国的核心价值观管理	吴昊，童斌，吴岷江	四川大学	哲学思维
29	龙眉茶业从"树茶"到"树人"：企业社会责任与价值共创	姚宏，王慧慧，孙晓杰，刘书宜	大连理工大学	哲学思维
30	一公斤盒子：商业价值 VS 社会职能？	大连理工大学	于惊涛，李晓晗（通讯）	哲学思维
31	大国担当：华电科工的海外战略企业社会责任	李纯青，郑晓娇，张宸璐（通讯作者）	西北大学	哲学思维
32	以数字创新承担更大的社会责任——字节跳动有"温度"的快速发展	何兰萍，刘竹颖	天津大学	哲学思维
33	君子爱财，取之有道	肖贵蓉，张立新	大连理工大学	哲学思维
34	靠市场还是靠政府？——自闭症儿童康复机构的困惑	王少飞，冯伟忠，高斯达，黄溢	上海财经大学	哲学思维
35	家在哪里，事业就在哪里——温氏集团"让爸爸回家"责任品牌培育与推广案例	陈明，刘向阳，常露	华南理工大学	哲学思维
36	小企业，大情怀：烽云物联的科技向善之路	常玉，解若琳，赵芹，孟祥娇，车婧茹，张勇	西北工业大学	哲学思维创新思维
37	山东国际经济技术合作公司——如何与利益相关者进行社会责任联动并实现价值共创？	辛杰	山东大学	哲学思维国际视野
38	理想与现实：行思公司组织变革为何又回到原点	张小林，葛超	浙江大学	组织领导
39	eBay：领导力重塑之旅	彭贺，张春依	复旦大学	组织领导
40	一跪泯恩仇：空降高管与非正式组织领导者的冲突管理	相里六续，尚玉钒等	西安交通大学	组织领导
41	好人怎么就做不了 CEO？——上海城河实业有限公司成长过程中的问题	杨桂菊，王海英等	华东理工大学	组织领导
42	乐捐：制度管理与情感管理的友好对话	许广永，姜梦娜，张李娜	安徽财经大学	组织领导
43	海信持续创新的"源动力"——研发人员的激励之道	赵曙明，张紫滕，赵李晶（通讯作者），倪清	南京大学	组织领导
44	牺牲小我 成就大我：古城公交 Z 总的领导风格	高婧，李纯青	西北工业大学	组织领导
45	95 后"小"领导罗蒙如何管好"老"员工	蒋宁，齐芹	安徽财经大学	组织领导

续表

序号	案例名称	作者	学校	支撑的非技术能力
46	恪守抑或遵从：A 公司总经理的追随困境	王磊，任海娜，汪一诺	东北财经大学	组织领导 沟通协作
47	棘手的"裁员幸存者综合征"——G 公司心理契约重建的挑战	张亚莉，邹艳，杨宏玲，郑欣，李辽辽	西北工业大学	组织领导 沟通协作
48	借东风易，达沟通难：北航学生公寓迎新筹备项目沟通困境	韩小汀，周宁，韩月峰，蒙姝	北京航空航天大学	沟通协作
49	A 市轨道交通 S 号线车辆段上盖开发项目利益相关者的沟通管理	赵丽丽，武彦斌，宋晓刚	河北经贸大学	沟通协作
50	南瑞继保 SFC 重大装备国产化项目中的组织与协调	刘颖，聂娜，冯奕，石详建	南京工程学院	组织领导 沟通协作
51	A 公司 M 项目虚拟团队管理沟通困境	宋明秋，王语涵	大连理工大学	沟通协作
52	沟而不通，费时误工	肖平，张盈朋，赵伟，崔丽莎，陈威宇，宁海沙，张厶文	西北工业大学	沟通协作

非技术能力在线课程名单见表 7.2。

表 7.2 非技术能力在线课程名单

序号	课程名称	作者	学校	支撑的非技术能力	来源
1	24 堂创新创业思维课	薛艺	—	创新思维	中国大学 MOOC
2	创新思维训练	余琛	浙江工商大学	创新思维	中国大学 MOOC
3	创新思维	张永强、马丽敏、毛永明、张帅旗	郑州工程技术学院	创新思维	中国大学 MOOC
4	创新思维与创新技法	张景德、边洁、王素梅、张琳	山东大学	创新思维	中国大学 MOOC
5	15 节高情商提升课	李幸	—	沟通协作	中国大学 MOOC
6	大学生人际沟通指南	庄雯洁	—	沟通协作	中国大学 MOOC
7	管理沟通：思维与技能	张莉、刘宝巍	哈尔滨工业大学	沟通协作	中国大学 MOOC
8	管理沟通的艺术	郭志文、杨俊等	湖北大学	沟通协作	学堂在线
9	管理沟通	白琳、薛豪娜等	安徽大学	沟通协作	学堂在线
10	管理沟通	赵洱崇	华北电力大学	沟通协作 组织领导	中国大学 MOOC
11	国际关系导论	江涛、白云真、张旗	中央财经大学	国际视野	中国大学 MOOC

续表

序号	课程名称	作者	学校	支撑的非技术能力	来源
12	国际工程管理	邓小鹏、李启明、毛洪涛、邱闯、刘祥以、李德智、袁竞峰、林艺馨、朱蕾等	东南大学	国际视野	中国大学 MOOC
13	西方国际关系理论	曹玮	国际关系学院	国际视野	学堂在线
14	人人都该学点行业研究	陈雳	—	国际视野 系统思维	中国大学 MOOC
15	工程伦理	赵玲、董华、沈广和、娄和标、徐华伟	南京航空航天大学	价值判断	中国大学 MOOC
16	工程伦理	刘红勇、冯辉红、蒋杰、卢虹林、钟声、黄莉、刘凤云	西南石油大学	价值判断	中国大学 MOOC
17	儒家伦理	韩玉胜	南京大学	价值判断	中国大学 MOOC
18	伦理学	周国文、蔡紫薇	北京林业大学	价值判断	中国大学 MOOC
19	理性思维实训	唐昊	华南师范大学	价值判断	中国大学 MOOC
20	工程伦理	李正风、王前等	清华大学	价值判断	学堂在线
21	职业伦理	王蒲生、王晓浩等	清华大学	价值判断 哲学思维	学堂在线
22	博弈论入门20讲	蒋文华	—	系统思维	中国大学 MOOC
23	批判性思维	王彦君	浙江大学	系统思维	中国大学 MOOC
24	系统思维与系统决策	贾晓菁、高咏玲、钱颖、白瑞亮	中央财经大学	系统思维	中国大学 MOOC
25	企业战略管理	蓝海林、李卫宁	华南理工大学	系统思维	中国大学 MOOC
26	整合思维	孙金峰、王雨函、廖彦霖、王育纯	汕头大学	系统思维 创新思维	中国大学 MOOC
27	管理学	赵卫东、肖磊、刘璞	电子科技大学	系统思维 组织领导	中国大学 MOOC
28	习近平生态文明思想与大学生生态价值观培育	叶海涛、沈震、盛凌振	东南大学	哲学思维	中国大学 MOOC
29	认知思维课：自我价值增长	熊向清	—	哲学思维	中国大学 MOOC
30	思想道德与法治	李喜英、暴庆刚、戴雪红、吴翠丽、张伟、李海超、刘冰菁、赵妍妍	南京大学	哲学思维	中国大学 MOOC

续表

序号	课程名称	作者	学校	支撑的非技术能力	来源
31	马克思主义哲学原理精粹九讲	汪信砚、赵士发、周可、李志	武汉大学	哲学思维	中国大学 MOOC
32	工程伦理与社会	衡孝庆	温州大学	哲学思维 价值判断	中国大学 MOOC
33	中华名相之管仲管理思想	李任飞、向仲敏、崔罡	西南交通大学	哲学思维 组织领导	中国大学 MOOC
34	管理心理学（上）	祝小宁	电子科技大学	组织领导	中国大学 MOOC
	管理心理学（下）	祝小宁	电子科技大学	组织领导	中国大学 MOOC
35	组织行为学	王淑红	中南财经政法大学	组织领导	中国大学 MOOC
36	人力资源管理	刘萍	四川大学	组织领导	中国大学 MOOC
37	管理学	王文周	北京师范大学	组织领导	中国大学 MOOC
38	麦肯锡"全球领导力"	鲍达民、段志蓉等	清华大学	组织领导 国际视野	学堂在线
39	创新领导力：如何用包容型领导力引领创新	王军峰、丁恒等	—	组织领导 创新思维	学堂在线

第八章　推荐教材清单

推荐教材清单见表 8.1。

表 8.1　推荐教材清单

序号	教材名称	主编	主编学校	出版社
1	伦理学原理	王泽应	湖南师范大学	中国人民大学出版社
2	中国现代哲学	张文儒	北京大学	北京大学出版社
3	西方哲学史	邓晓芒	华中科技大学	高等教育出版社
4	中国哲学史	郭齐勇	武汉大学	商务印书馆
5	科学技术哲学	刘大椿	中国人民大学	高等教育出版社
6	工程伦理	李正风	清华大学	清华大学出版社
7	工程项目管理	叶堃晖	重庆大学	重庆大学出版社
8	工程经济学	陈汉利	中南大学	中南大学出版社
9	建设项目风险管理	孙成双	北京建筑大学	中国建筑工业出版社
10	工程管理论	何继善	中南大学	中国建筑工业出版社
11	中国工程管理现状与发展	何继善	中南大学	高等教育出版社
12	工程财务管理	叶晓甦	重庆大学	中国建筑工业出版社
13	工程经济与项目管理	张彦春	中南大学	中国建筑工业出版社
14	土木工程伦理学	王进	中南大学	武汉大学出版社
15	建设工程管理与法规	宋宗宇、向鹏成、何贞斌	重庆大学	重庆大学出版社
16	建设工程法规	陈辉华、王青娥	中南大学	武汉大学出版社